机器人,你好!
这些机器人真牛!

[美]威廉·D.亚当斯 著

秦彧 译

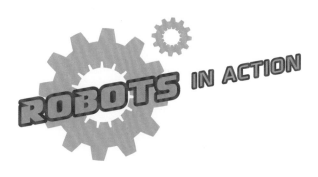

ROBOTS IN ACTION

WORLD BOOK

中国出版集团
世界图书出版公司

机密档案 VI

机器人还在很多你意想不到的地方大显身手呢！

它们在战场上侦察敌情、拆除炸弹、运输物资，

它们在灾区和火场抢险救灾、搜救伤员，

它们还能去太空帮我们探测未知的领域！

Robots: Robots in Action

目录
Contents

术语表的词汇在正文中
首次出现时为黄色。

这些机器人真牛！

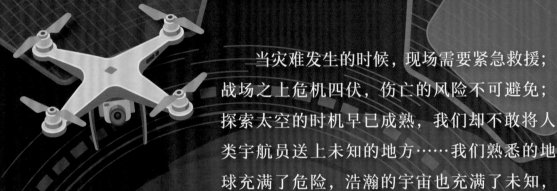

当灾难发生的时候，现场需要紧急救援；战场之上危机四伏，伤亡的风险不可避免；探索太空的时机早已成熟，我们却不敢将人类宇航员送上未知的地方……我们熟悉的地球充满了危险，浩瀚的宇宙也充满了未知，但如火如荼的机器人技术革命正在兴起，无所畏惧的机器人将代替我们，去完成那些任务。工程师也正在努力，让这些机器人超越上一代，变得更加能干、更加自主。

在陌生的世界里，机器人可能遭遇哪些危险？又将面对哪些极端挑战？无所畏惧的机器人总有办法从容应对。瞧，这些机器人有多牛！

灾区、战场和太空对人类来说都是危险的地方。机器人长期帮我们探索太空，一些新型机器人也逐渐进入灾区和战场执行任务。

军用
机器人

人类一直利用新技术保护自己,增强武器的杀伤力……自动化、人工智能和机器人技术的发展,都被用于军事建设。

机器人早已以导弹的形式在战场上使用。导弹可以感知环境,寻找目标,制定一个打击目标的方案,展开行动。但是,选

导弹是一种机器人,不过导弹的自主性有限,而且只能使用一次。

Uran-9 是俄罗斯制造的一种无人驾驶坦克。现在，Uran-9是遥控驾驶的，未来的 Uran-9 将大大地提高自主性，可能会实现真正的无人驾驶。

<<<<

择哪个攻击目标，仍然由人类决定。毕竟导弹不可能一直飞来飞去，等待目标送上门。

不过，这种情形在未来可能发生改变。在获取了详细的敌情后，导弹可能会判断应该攻击哪个目标，导弹兵只需对着大致的方向发射导弹，导弹将自行选择特定的目标。未来，军用机器人家族还将增加种类繁多的新成员，从坦克编队到人形机器人军团一应俱全。

军用机器人的决策模式

要实现军事领域自动化的决策过程，一般通过人在回路模式实现。所谓"人在回路"，是指军用机器人每执行一项任务，就要停下来等待操作员的指令，收到指令后军用机器人才会执行下一项任务。这样的武器系统严重依赖人工干预，所以一些武器制造商希望军用机器人可以连续不断地执行任务，操作员只需要监视军用机器人的表现，并随时叫停军用机器人的行动。这样，一个人可以同时监管一大群军用机器人，而不是一段时间里只能盯着一台军用机器人。但这也引发了一个道德伦理问题——我们把军用机器人送上残酷的战场，"冷眼旁观"军用机器人作战，好吗？

这个拆弹装置就是"人在回路"模式。它是远程控制的，离开了人类的指挥，拆弹装置将无法采取任何行动。

军用
无人机

现代军队使用种类繁多的无人驾驶飞机（简称"无人机"，英文缩写为"UAV"）。军用无人机主要用于监视，一些军用无人机非常小，机体重量约 30 克，它们能够飞越山头或转过墙角实施侦察，告诉部队是否可以安全地进入；另外一些军用无人机是大家伙，翼展达 30 多米，可以飞往其他国家的上空收集信息。

虽然无人机被称为无人驾驶飞机，但实际上大多数无人机由地面人员远程控制。依照无人机的不同类型，操作员可能身处几米的近处，也可能远在数千米之外。那些执行简单任务的无人机，通常具备更高的自主性。工程师正在研发更智能的无人机，这种无人机需要输入的指令更少，可以执行更多的任务。

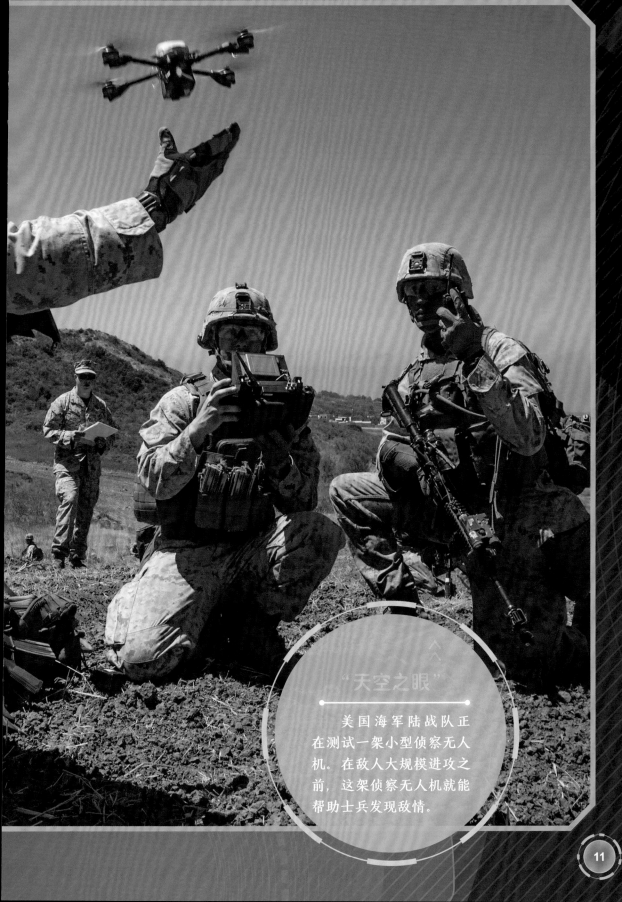

"天空之眼"

美国海军陆战队正在测试一架小型侦察无人机。在敌人大规模进攻之前，这架侦察无人机就能帮助士兵发现敌情。

食物、燃料和弹药的供应，对身处危险的部队极其重要。运输物资的卡车车队行驶缓慢，还有受到敌人袭击的风险，士兵们不得不自行携带一些物资。不过成群结队的小型自主无人机，能很快为战场上的军队提供补给。这些无人机少量、多次、分批地运送各类物资，甚至是部队紧急预

美军正在使用 Perdix 无人机，测试战斗无人机的技术和表现。

定的特殊装备，也能在几分钟内送到。

　　蜂群一样的自主无人机，还将在未来的空战中大显身手。这些无人机能以闪电般的速度相互通信，以最优的方式分配任务目标。大型作战飞机虽然更大更强，却来不及摧毁数量庞大的无人机，最终只能被这些无人机击落。

　　在一场战斗中，最重要的就是找准目标。士兵通常口头交流确认目标，而有的无人机能以闪电般的速度相互协同，随时汇集信息，并依据信息更新目标。

"你好，我是

死神！"

　　绰号"死神"的MQ-9 Reaper，是美国制造的攻击型无人机。MQ-9 Reaper飞行较慢，不适合执行空战任务，也很难避开战斗机和高射炮的攻击。不过，在没有战斗机、高射炮射不到的空域，MQ-9 Reaper可以轻而易举地打击地面目标。MQ-9 Reaper能以一种"游荡"模式长时间地巡飞，耐心等待目标走出掩体或远离平民。MQ-9 Reaper可以被拆开，并装进大型货机，空运到需要执行任务的地方，重新组装，为飞行做准备。

自主性

MQ-9 Reaper 由人类驾驶员操作。如果无线电信号中断了，MQ-9 Reaper 会按照预设程序低速盘旋，直到与人类重新取得联系。

大小

机长 11 米，翼展 20 米，重 2200 千克。

最大速度

每小时约飞行 370 千米，不到普通客机的一半。

制造商

MQ-9 Reaper 由美国通用原子能公司制造。

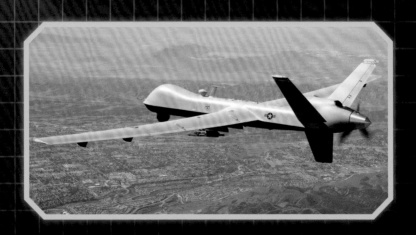

无人驾驶坦克

　　传统的坦克可是一个庞然大物，由体积巨大、油耗惊人的发动机驱动,依靠履带缓慢行驶。传统的坦克既要携带攻击敌人的重型武器，还要装备可以保护内部人员的厚厚装甲。而无人驾驶坦克因为不用为内部人员留出空间，机体变得更加紧凑；因为不用保护内部人员，无人驾驶坦克的装甲也削减了。所以，无人驾驶坦克比传统的坦克更小、更轻、更敏捷。按照一些军事专家的设想，就像操作 MQ-9 Reaper 那样，人类将会远程操控无人驾驶坦克。未来，大规模的无人驾驶坦克可能蜂拥而至，出现在战场。

　　目前，已经有一种无人驾驶坦克被投入使用，它就是 Guardium 小型无人车（绰号"守护者"），Guardium 被用于巡查中东国家以色列的边境地带。Guardium 既可以接受远程操控，也可以遵照指定的路线进行自主巡逻。

Guardium 正在巡查以色列的边境，具备更高自主性的战斗车辆还处于研发阶段。

军用机器人的争议

　　让机器人为我们打仗，是对的吗？一些人认为，机器人士兵让人类远离伤亡。机器人代替人类执行最危险的战斗任务，可以保护人类士兵。而且比起人类士兵，机器人更擅长识别非作战人员，减少无辜伤亡。

　　也有人认为使用军用机器人不符合伦理道德。军用机器人可能让发达国家的战争变得"轻松愉快"，军备竞赛让各国政府斥巨资研制军事机器人，而这些钱本来可以用于造福公民。

　　俄罗斯机器人FEDOR最初是为太空探索而设计的。在2017年的一段视频中，FEDOR挥舞着手枪射击目标。这段视频可能夸大了FEDOR的能力，但重新引发了人们对军用机器人的关注。

>>>>

如果真的部署自主军用机器人，谁也无法预测这些机器人将被如何使用。自主军用机器人会用什么标准评估非作战人员的安全？如果自主军用机器人预测发射一枚火箭弹可以消灭 10 名敌人，但是可能伤及一位平民，那么预先写入自主军用机器人的程序，是否允许火箭弹的发射？如果不允许的话，一旦政府要改写程序——命令机器人开火，谁能阻止政府？

未来，自主军用机器人可能会借助人工智能判定攻击目标，不需要任何人下达命令。

拆弹机器人

未爆弹很危险，拆弹机器人可以拆除这些炸弹，不需要人类冒险。拆弹机器人通常装了一条机械臂，配合能让炸弹失效的高能水射流。在世界各地，拆弹机器人拯救了成千上万的生命。

拆弹机器人的自主性通常很低，由人远程遥控操作。由于拆弹机器人拯救了很多人的生命，一些士兵渐渐与并肩作战的拆弹机器人难舍难分。这些士兵可能会给自己的拆弹机器人起名字，记录每一次完成的任务，甚至在拆弹机器人被毁时为它举行"葬礼"。

未来的拆弹机器人可能具备一定的自主性，能够自行销毁常规的爆炸物。未来的拆弹机器人还可能装两条机械臂，能够执行更加复杂的拆弹作业。

通常，拆弹机器人只装一条机械臂，机械臂上有一个或多个末端执行器，可以解除或安全地引爆爆炸装置。拆弹机器人还安装了摄像机，帮助控制人员了解爆炸物和周围的情况。

救灾机器人

2011年，强烈的地震和海啸袭击了日本海岸，这场灾难切断了福岛第一核电站的电力供应。这座核电站位于日本东海岸，坐落在东京以北约290千米处。由于电力驱动的冷却系统停止工作，福岛第一核电站反应堆中的核燃料开始变得过热。熔化的核燃料烧穿反应堆外围的钢制安全壳，滴落到反应堆下方的混凝土地基上，污染了空气和海水，周围数以万计的居民被迫离开家园。

在2013年机器人挑战赛的预赛中，美国人类与机器认知研究所的救灾机器人阿特拉斯，在墙上凿了一个洞。

>>>>

这场悲剧引发了一场救灾机器人的研发革命。日本是机器人技术创新的领先国家，许多日本工程师把清理核污染视为毕生的事业。福岛核事故带来的挑战，也让美国国防部高级研究计划局深受触动。2013 年和 2015 年，美国国防部高级研究计划局主办了机器人挑战赛，促进对救灾机器人的研究。

在 2013 年机器人挑战赛的预赛中，来自日本 SCHAFT 团队的机器人 S-One，正在清除通道上的碎石瓦砾。

"你好，我叫

Little Sunfish！"

　　这场悲剧发生了七年，科学家们仍然没有办法确定放射性核燃料的准确位置。满目疮痍的福岛第一核电站，给救灾机器人带来了许多麻烦：强辐射会烧毁救灾机器人的电路，钢筋混凝土墙壁会干扰无线电信号……核电站的每个角落都潜伏着未知的危险。然而，机器人 Little Sunfish 游进了受损的反应堆堆芯，想要查明熔化的核燃料的去向。现在，Little Sunfish 找到了核燃料，工程师已经开始寻找移除核燃料的方法。怎么做才能移除核燃料呢？还没有人拿得准。

自主性

低 ●━━━━━━━

Little Sunfish 的身后拖着一根长长的电缆，操作人员远程控制 Little Sunfish 的行动。

现状

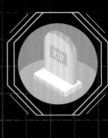

虽然成功地找到了已熔化的核燃料，Little Sunfish 却被放射性物质污染，无法靠近人类。人们把 Little Sunfish 封存在一个钢制容器里，并埋起来。

辐射量

受损的反应堆堆芯的辐射剂量至少达到了每小时 200 希沃特（辐射剂量的一种单位）。仅仅几希沃特的辐射量，就足以致人死亡。

制造商

Little Sunfish 由日本东芝公司制造。

大小

重 2 千克，机身长 30 厘米。

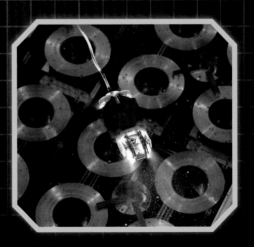

搜救机器人的"七十二变"

为搜救设计的机器人，有着五花八门的外形。为了通过崎岖的地形，搜救机器人使用了环形履带或大型粗花轮胎，还配上了弹性悬挂系统；为了钻进坍塌后狭小的空间搜寻幸存者，一些搜救机器人被设计成蛇的形状，纤细而灵巧。

少数搜救机器人还有腿。阿特拉斯是有史以来最先进的人形机器人之一，最初是为了参加 DARPA 机器人挑战赛而设计的。一些步行搜救机器人甚至拥有两条以上的腿，有更好的稳定性。曾在 DARPA 机器人挑战赛中夺冠的机器人 DRC-HUBO，在膝盖和脚那儿装了轮子。如果不需要太高时，DRC-HUBO 就会跪下来，用轮子移动。

蛇形的搜救机器人（上图）可以爬进狭小的空间搜寻幸存者，其他搜救机器人则依靠手臂和腿穿梭于各种建筑物中。作为机器人挑战赛的获胜者，DRC-HUBO（左图）既可以靠轮子滚动，也可以用腿走路。

"你好，我是

赛博格蟑螂！"

蟑螂非常擅长在窄小的缝隙里爬来爬去，科学家以真正的蟑螂为载体，创造出了半机器半生物的赛博格蟑螂。赛博格蟑螂背着带有无线电信号接收器的小型计算机，触角上粘着充当接收天线的导线。借助触角上的导线，科学家可以"控制"这些赛博格蟑螂。科学家还打算给赛博格蟑螂装上极小的视频传感器和音频传感器，然后把几十只赛博格蟑螂放进灾区。赛博格蟑螂的发现会被传送到上空的一架无人机，无人机同时也会发出指令，"命令"赛博格蟑螂留在搜索区域继续工作。

自主性

高

安装的计算机对赛博格蟑螂有一定的约束，否则赛博格蟑螂的行为与之前的一样。

不应该这么对待蟑螂？

有人认为，如此改造活生生的蟑螂是不对的。也有人认为，只要是救人就值得。

大小

长13厘米。

所需零件

蟑螂和一些基础的电子元器件。

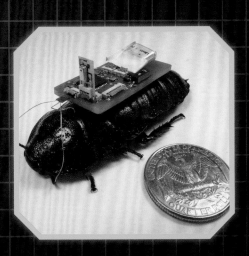

消防机器人

火灾是另一种危险灾害，也是机器人的又一个应用领域。一些看上去像小型坦克的消防车，可以直接驶向火场，向大火喷水或喷洒化学灭火剂；实验性消防机器人能在空中飞行，悬停于空中并向地面喷射水柱。这些消防机器人一般是非自主的，都依赖于远程控制。程序员正在努力提高这些消防机器人的自主性，让消防机器人"理解"消防员的口头指令和手势指令。未来的消防机器人，可能还会装备热成像摄像机，自主定位和扑救起火点。

消防机器人可以扑灭特别大或特别危险的火灾。

>>>>

救援机器人联赛

1995 年，一场地震重创了日本。之后，世界各地的专家们组织了机器人世界杯的救援机器人联赛，世界各地的高中生和大学生前来参赛。参赛团队设计机器人，编写程序，挑战各种比赛科目（比如快速通过困难赛道、执行规定任务、识别模拟受灾人员等）。随着技术水平和团队技能的不断进步，联赛管理人员架设了难度越来越大的赛道。现在，机器人必须自主通过一半赛道，这段路程有一些令人意想不到的障碍物。有一年，联盟组织方用散开的报纸铺满了一个房间的地板，卡住了好几台机器人的履带。许多当年参加联赛的团队成员，如今已经投身于机器人事业。

随着技术水平和团队技能的进步，机器人世界杯救援赛道的难度也在逐年增大。

>>>>

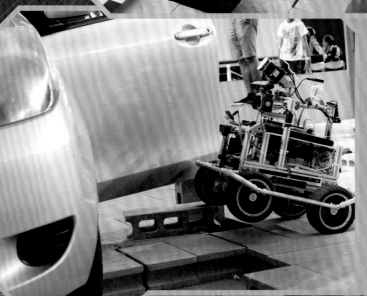

　　每年，机器人世界杯救援机器人联赛都会举办赛事。所有的赛事都会架设标准赛道，每台机器人都可以与来自世界各地的数百台机器人"切磋"。

航天器

机器人远比人类更适合探测新的区域。机器人不需要空气、水和食物，仅仅一个电源就能让它们工作；只要设计得当，机器人能够承受各种压力、温度和辐射；在一次大冒险后，人类通常会急着回家，而机器人可以继续坚守。正因为如此，机器人已经成为探索太空的主力军。人类最远只到达了月球，作为航天器的机器人却探索了太阳系的其他区域。

航天机构和一些民营公司，正在为人类重返月球而努力，他们还想将人类送往火星和小行星。但是，大多数太空探索行动仍将由航天器完成。

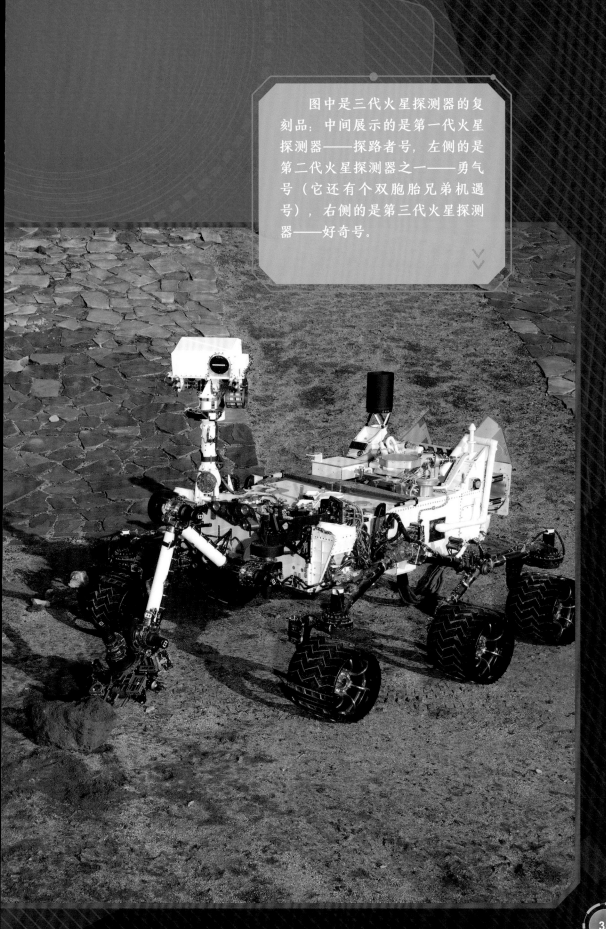

图中是三代火星探测器的复刻品：中间展示的是第一代火星探测器——探路者号，左侧的是第二代火星探测器之一——勇气号（它还有个双胞胎兄弟机遇号），右侧的是第三代火星探测器——好奇号。

"你好，我叫

Canadarm2！"

　　2001 年，Canadarm2 机械臂发射升空，它是加拿大对国际空间站的贡献之一。现在，Canadarm2 能维修或升级空间站，能帮助宇航员在空间站周围"散步"，还能捕获到达的航天器。捕获并停泊航天器，是一项非常棘手的工作。借助国际空间站的宇航员、地面控制人员、GPS 和激光导航系统，Canadarm2 能够捕获航天器，然后引导航天器停泊在空间站的停泊口或对接口。

自主性

Canadarm2 既能自主工作，也能由宇航员操作。

长度

长 17 米。

重量

地面重量是 1500 千克。

制造商

Canadarm2 由加拿大麦克唐纳·迪特维利联合有限公司制造。

"巨型弹簧"

Canadarm2 没有固定的安装位置，两端可以插在空间站外壁的任意插槽。Canadarm2 十分灵活，像一根弹来弹去的巨型弹簧。Canadarm2 配备了一根 15 米长的吊臂附件，用来检查国际空间站的远端部分，另一个附件是一个灵巧的机器人 Dextre。

空间探测器

空间探测器是一种环绕行星、卫星和小行星等的航天器，主要收集探测数据并传回地球。空间探测器的活动部件一般很少，但必须坚固耐用。空间探测器必须承受发射带来的巨大作用力和气压的变化，保证在升空后自身的完好无损。一旦进入太空，空间探测器就需要展开，收集探测数据。在运行的过程中，空间探测器必须经得住太空尘埃和岩石的

新地平线号探测器已经访问了太阳系中距离我们最遥远的一些天体。因为地球发出的指令需要很长时间才能收到，新地平线号探测器的大部分工作必须自主进行。

>>>>

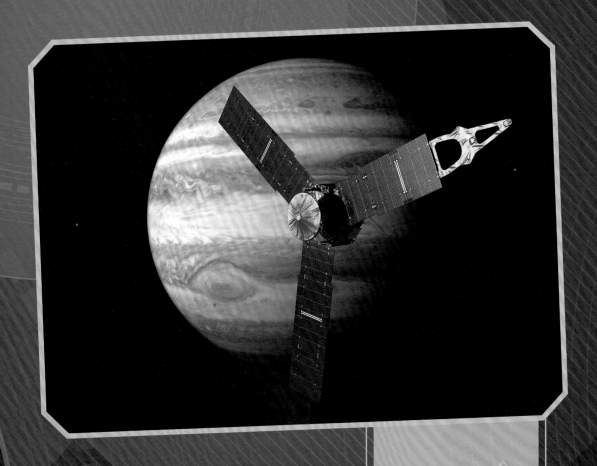

撞击。这些碎片以每小时数万千米的速度掠过太空，能对空间探测器造成严重的损害。空间探测器还要防范强烈的空间辐射，这些辐射会烧毁电路。大部分空间探测器借助推进器和反作用轮的旋转圆盘，实现在太空中的移动或姿态调整。到目前为止，空间探测器已经探索过太阳系的许多天体。

朱诺号空间探测器是一个研究木星的探测器。朱诺号空间探测器会沿着精心选择的环形轨道运行，避开木星的辐射带。

着陆器与漫游车

　　着陆器一般指探测器在星体表面收集探测数据的部分。简单的着陆器会一直工作到电池耗尽，而复杂的着陆器安装了太阳能电池板，或配备了小型核动力发电装置，足以工作几个月甚至几年。

　　漫游车是一类可以四处移动的着陆器，比不能移动的着陆器更加复杂，可以提供多个不同观测点的信息。复杂、制造精良的漫游车，能够长时间地探索行星或其他天体。机遇号火星探测器是太阳能提供动力的漫游车，持续探测、研究火星达 14 年。

机遇号火星探测器完成了 90 个火星日（火星上的一天）的任务后，又继续在火星上进行了长达 14 年的探索，是一辆了不起的漫游车！2018 年，机遇号火星探测器在一场沙尘暴中失联。

"你好，我是

好奇号火星探测器！"

好奇号火星探测器由美国国家航空航天局（简称为"NASA"）发射。现在的火星是一颗冰冷死寂的行星，在数十亿年之前，火星与现在完全不同。科学家们派遣好奇号探索它的着陆点——盖尔陨石坑是否存在适合生命生存的环境。

自主性

好奇号火星探测器配备了一套自主导航系统。如果想让好奇号火星探测器朝某个方向移动，那么控制人员需要发出指令。好奇号火星探测器先拍摄目标区域，借助照片找出自己需要避开的危险（比如大块岩石），然后，朝着指定方向移动。

最大速度

每小时行驶3.8厘米。

制造者

好奇号火星探测器由美国国家航空航天局下属的喷气推进实验室设计和制造。

重量

近1吨，它是目前太阳系中最大的漫游车。

电力供应

好奇号火星探测器是一辆采用核动力驱动的漫游车，将放射性物质裂变产生的能量转变为电能。

挑战更多极端环境

　　机器人探索地球上许多危险、甚至人类无法到达的地方，这些地方几乎都是极端环境。八条腿的机器人 Dante 和 Dante II 通过取样和测量等手段考察火山；一些潜水机器人探索了潜水员不能潜入的深海或热泉；美国国家航空航天局和其他航天机构研制了一些航天器，有的航天器去炙热的沙漠上探索，有的航天器在坚冰覆盖的湖面上滑行……这类地球上的探测行动主要是测试和验证机器人的技术思路，为未来的空间探测任务做准备。在极端的测试环境中，工程师也发现了机器人的一些不足。

Dante Ⅱ是一个八条腿的机器人，研究人员用Dante Ⅱ考察阿拉斯加州陡峭的斯普尔火山。

术语表

人在回路：机器人每执行一项任务，就要停下来等待操作员的指令，收到指令后机器人才会执行任务。

无人机：无人驾驶飞机的简称。大部分无人驾驶飞机由人类遥控，但也有一些是完全自动飞行的。

军备竞赛：敌对国家为使自己在战争状态中占据优势而竞相扩充军备的行为，是一种预防式的军事对抗。

辐射：从发射体发出的波动或微观粒子，在空间或介质中向各个方向传播。核反应堆释放的辐射和来自太空的辐射，可能伤害人体或损坏电子设备。

反应堆堆芯：又称反应堆活性区，由满足物理和热工水力学要求的燃料组件构成。

希沃特：一种辐射剂量的单位。

赛博格：英文为"cyborg"，是"cybernetic"（控制论的）和"organism"（有机体）两个单词的拼合缩写。指应用计算机或机器人技术改造过的生物。

热成像：通过非接触探测红外热量，并转换为电信号，生成热图像和温度值，并对温度值进行计算的一种检测设备。

航天器：在地球大气层以外的宇宙空间，按照天体力学的规律运行，执行探索、开发或利用太空及天体等特定任务的飞行器。

空间探测器：对月球和月球更远的天体（包括行星及其卫星、小行星和彗星）以及空间进行探测的航天器。

着陆器：一般指探测器在星体表面收集探测数据的部分。

漫游车：一类可以四处移动的着陆器。

致谢

本书出版商由衷地感谢以下各方：

Cover © Higyou/Shutterstock

4-5 © Perfect Gui/Shutterstock; © Press Lab/Shutterstock; © Walter Myers, Science Source

6-7 Monika Hess, U.S. Navy; Vitaly V. Kuzmin (licensed under CC BY-SA 4.0)

8-9 Kenji Thuloweit, U.S. Air Force

10-11 Rhita Daniel, U.S. Marine Corps

12-13 Leslie Pratt, U.S. Air Force; Neil Ballecer, Air National Guard

14-15 © Jahi Chikwendiu, The Washington Post/Getty Images; © Chesky/Shutterstock

16-17 Zev Marmorstein, Israel Defense Forces (licensed under CC BY-SA 3.0)

18-19 Russian Foundation for Advanced Research Projects; © Digital Storm/Shutterstock

20-21 Jodi Ames, U.S. Air Force; Jeremy L. Wood, U.S. Navy

22-23 Department of Defense

24-25 © Shuji Kajiyama, AP Photo

26-27 NASA; University of Nevada, Las Vegas

28-29 © Carlos Sanchez, Texas A&M University; © Eric Whitmire, North Carolina State University

30-31 © Anurake Singto-On, Shutterstock

32-33 © RoboCup Federation

34-35 NASA/JPL-Caltech

36-37 NASA

38-39 NASA/Johns Hopkins University Applied Physics Laboratory/Southwest Research Institute; NASA/JPL

40-41 NASA/JPL/Cornell University, Maas Digital LLC

42-43 NASA/JPL-Caltech/MSSS

44-45 © Carnegie Mellon University

索引